NONGCUN SHEQU
FANGZAI JIANZAI ZHISHI SHOUCE

农村社区
防灾减灾知识手册

《防灾减灾文化丛书》编写组 编

中国社会出版社
国家一级出版社　全国百佳图书出版单位

目 录

我国面临的灾害形势

我国是世界上自然灾害最为严重的国家之一，灾害种类多、分布地域广、发生频率高、造成损失重。伴随着全球气候变化以及经济快速发展和城市化进程不断加快，我国的资源、环境和生态压力加剧，各类灾害防范应对形势更加严峻复杂。

农村社区和居民可能面临的灾害有：地震、滑坡、泥石流、崩塌、暴雨、山洪、雷电、台风、风暴潮、雪灾、冰雹、龙卷风、大风、沙尘暴、高温、干旱、农作物病虫害、火灾、食物中毒、煤电气事故、交通事故、环境污染事故、危险化学品事故及踩踏事故等。

自然灾害的防范和避险

一、地震的防范

1. 地震小常识

（1）震级、烈度、前兆

地震是指因地球内部缓慢积累的能量突然释放而引起的地球表层的快速振动，地震是地球上经常发生的一种自然现象。我国是地震多发的国家，历史上发生过多次强烈地震，如 1976 年的河北唐山大地震、2008 年的四川汶川大地震。

表示地震大小有两种方法，一是震级，二是烈度。

地震的震级表示地震所释放的能量的大小，震级越大的地震，释放的能量就越大。不同震级地震的能量差别很大，2 级地震的能量约为 1 级地震的 31.6 倍，3 级地震的能量约为1级地震的1000倍。所以，尽管小地震实际发生数目比大地震多得多，但总能量中的大部分仍是由大地震释放的。

地震烈度是指地面及房屋等建筑物受地震破坏的程度。中国和世界上多数国家和地区一样，采用12级的地震烈度表。以下是不同地震烈度对应的破坏情况。

地震烈度	地面破坏情况
小于Ⅲ度	人无感受，只有仪器能记录到
Ⅲ度	夜深人静时人有感受
Ⅳ～Ⅴ度	睡觉的人惊醒，吊灯摆动
Ⅵ度	器皿倾倒、房屋轻微损坏
Ⅵ～Ⅶ度	房屋破坏，地面裂缝
Ⅷ～Ⅹ度	房倒屋塌，地面破坏严重
Ⅺ～Ⅻ度	毁灭性的破坏

地震发生前会产生一些前兆现象，如地下水水位突然升、降或变味、发浑、发响、冒泡；天气骤冷、骤热，出现大旱、大涝；电磁场的变化，临震前动物、植物的异常反应等。大地震来临时，还会出现地声和地光。

（2）危害

地震会造成房屋等建筑物的破坏，导致人员伤亡、经济损失、生态与环境破坏等。地震还会引起海啸、崩塌、滑坡、泥石流和毒气泄漏等次生灾害。

（3）识别地震谣言

在我国，只有政府有权发布地震预报，其他任何部门、单位和个人，都无权对外发布地震预报。因此任何其他形式的“地震预报”都不可靠。

● 凡带有迷信色彩的地震传言一定都是骗人的。

● 凡是将发震地点“预报”得十分具体的社会上的信息，肯定都是谣言。对待地震谣言要做到不信谣、不传谣并及时报告。

（4）避震小知识

● 平时要检查和加固住房，对老旧房屋要加固，不宜加固的危房要拆除。

● 合理放置家具、物品，固定好高大家具，防止倾倒砸人，牢固的家具下面要腾空，以备震时藏身。

● 家具物品摆放要“重在下，轻在上”，墙上的悬挂物要固定，防止掉下来伤人。

● 熟悉社区及周边的避难场所与逃生路线。

2. 地震发生时的逃生技巧

（1）室内逃生

①楼房

● 选择承重墙角地带，迅速蹲下，并注意保护头部。

● 尽量躲进小开间，如厕所、储物室等相对安全地带。

● 选择在支撑力大且自身稳固性好的物体旁躲避，如铁柜、立柜、暖气、大器械旁边，但不要钻进去。

● 注意避开墙体的薄弱部位，如门窗附近等。

●不要跟随人群向楼下拥挤逃生，不要盲目跳楼逃生。

②平房

●能跑就跑，跑不了就躲。

●如果正处于门边，可立刻跑到院子中间的空地上。

●如果来不及跑，就赶快躲在结实的桌子底下、床旁或蹲在紧挨墙根的坚固的家具旁。

●尽量利用身边物品保护头部，比如棉被、枕头等。

（2）室外避震

●远离烟囱、水塔、高大树木等，特别是有玻璃幕墙的建筑物。

●躲开变压器、高压线、电线杆、路灯、广告牌等高处的危险物。

●远离老房子、危房、围墙、堆得很高的建筑材料等容易倒塌的危险物。

●选择开阔的地方，蹲下或趴下，不要乱跑。震后不要轻易返回室内。

3. 震后自救与施救

(1) 震后自救

●如果被埋压，一定要坚信会有人前来救援。如果两个或多个人一起被埋压，一定要相互鼓励。

●在能行动的前提下，应逐步清除压物，尽量挣脱出来。要尽力保证一定的呼吸空间，如有可能，用毛巾等捂住口鼻，避免灰尘呛闷发生窒息。

●不要盲目呼叫，尽量节省力气，用敲击的方法呼救，注意外边动静，伺机呼救。

●尽量寻找水和食物，创造生存条件，耐心等待救援。

(2) 震后施救

①寻找被埋压的人

● 找熟悉情况的人指点，按照当地居住习惯寻找。

● 喊话或敲击器物，俯身趴在废墟上面仔细听寻是否有回应。

②救人注意事项

● 可以用锹、镐、撬杠等工具，结合手扒的方法挖掘被埋压者。

● 挖掘中，要先找到被埋压者的头部，清理口腔、呼吸道异物，并依次按胸、腹、腰、腿的顺序将被埋压者挖出来，避免造成二次伤害。

●如被埋压者伤势严重，施救者不得强拉硬拖，应设法使被埋压者全身暴露出来，查明伤情，采取包扎固定或其他急救措施。

●对暂时无力救出的被埋压者，要使废墟下面的空间保持通风，递送流质食物和饮用水，等时机成熟时再进行营救。

●对挖掘出来的伤员进行人工呼吸、包扎、止血、镇痛等急救措施后，迅速送往医院。

二、滑坡、泥石流、崩塌的防范

1．滑坡、泥石流、崩塌小常识

（1）发生的季节、地点

滑坡、泥石流、崩塌的发生有明显的集中性，一般发生在持续暴雨时期。在我国西南地区，滑坡、泥石流、崩塌多发生于6～9月。在西北地区发生于7～8月。

（2）征兆

①滑坡主要征兆

●斜坡前缘发生垮塌，并且垮塌的边界不断向坡上

发展。

● 斜坡前部发生丘状隆起，顶部出现张开的扇形或呈放射状裂缝分布。

● 斜坡局部沉陷。

● 斜坡上建筑物变形、开裂、倾斜。

● 井水、泉水水位突然发生明显变化。

②泥石流主要征兆

● 暴雨或连续下雨。

● 溪流突然断流或洪水突然增大。

● 沟谷发出巨大的轰鸣声或有轻微的振动感。

● 沟侧发生崩塌滑坡等致使沟谷堵塞严重等。

③崩塌主要征兆

● 陡坡掉块、小崩小塌不断发生。

● 陡崖出现新的破裂痕迹。

● 嗅到异常气味、听到岩石摩擦错动碎裂声。

2．滑坡、泥石流、崩塌的应对方法

（1）滑坡、泥石流、崩塌逃生方法

①滑坡

● 不要顺坡跑，而应向两侧逃离。

● 当遇到高速滑坡无法逃离时，不要慌乱。如滑坡呈整体滑动，可原地不动或抱住大树等物。

②泥石流

● 向泥石流前进方向的两侧山坡跑，切不可顺着泥石流沟向上游或向下游跑。

● 不要停留在坡度大、土层厚的凹处。

● 避开河（沟）道弯曲的凹岸或地方狭小高度又低的凸岸。

● 不要躲在陡峻山体下，防止坡面泥石流或崩塌的发生。

③崩塌

● 选择正确的撤离路线，不要进入危险区。

● 可躲避在结实的障碍物下，或蹲在地坎、地沟里。

● 应注意保护好头部，不要顺着滚石方向往山下跑。

（2）建房选址的注意事项

● 不要在滑坡体及滑坡体两侧、前缘等地带建房。

● 不要在危岩的附近建房。

● 不要在泥石流沟口及其两侧近处、下游流通和堆

积区建房。

- 不要在已出现地裂缝的潜在地面塌陷区建房。
- 不要在坡度陡峭的山体下建房。

三、暴雨、洪涝的防范

1. 暴雨、洪涝小常识

我国气象上规定，24 小时降水量为 50 毫米或以上的雨称为“暴雨”。洪涝是一个地区内因集中暴雨或长时间降雨，汇入河道的水超过河流的排水能力而漫过两岸或者冲垮堤坝导致泛滥的灾害。

由暴雨引起的洪涝灾害会给农村带来巨大损失，洪涝会淹没农作物。特大暴雨引起的山洪暴发、河流泛滥，不仅危害农作物、果树、林木和鱼塘，还会冲毁农舍和工农业设施，造成人畜伤亡和经济损失。

2. 暴雨来临前的准备措施

- 关注气象部门关于暴雨的最新预报。
- 暴雨来临前，低洼地区房屋门口应放置挡水板或

堆砌土坎。

● 检查农田、鱼塘排水系统，做好排涝准备。

3. 暴雨、洪涝来临时的危险地区

● 危房里及危房周围。

● 危墙及高墙旁。

● 洪水淹没的下水道。

● 电线杆及高压线塔周围。

● 鱼塘、水库、河流周围。

4. 暴雨驾车出行注意事项

●远离路灯、高压线、围墙等危险处，绕开涵洞、桥下等地势低洼处。

●要保持视线清晰，减速缓行，打开前照灯、防雾灯和汽车轮廓灯，提醒其他车辆注意。

●在涉水过程中应当使用一挡或二挡的低速挡，尽可能不停车、不换挡、匀加速，驶出积水区后还要加大油门低速慢行一段时间，通过汽车排气将水排出。

●转动方向盘应缓和。路上的雨水与路面浮土混合成的泥浆使路面非常湿滑，方向盘转向太急容易造成翻车事故。

5. 洪涝来临前的准备措施

●密切关注政府部门、媒体等发布的暴雨、洪涝信息。

●危旧房屋或地势低洼处的居民，应及时转移到安全地方。

●山区的暴雨容易引发滑坡、泥石流等灾害，如发现险情，要通过广播、电话、锣鼓等及时通知危险区的

群众。

● 备足食品、饮用水，准备药品和通信设备等。

● 搜集木盆、门板、大件泡沫塑料等适合漂浮的材料，以备急需。

● 如果需要撤离，撤离前关闭燃气阀、电源总开关和门窗。

6. 洪涝发生时的自救逃生方法

● 向高处转移，切记不可攀爬带电的电线杆。

● 被困时，利用通信设施联系救援，使用哨子、色彩鲜艳的衣服、眼镜片、镜子等发出求救信号。

●除非水冲垮建筑物或水面漫过屋顶，否则不要冒险涉水逃离。

●如被卷入洪水中，一定要尽可能抓住固定的或能漂浮的东西，寻找机会逃生。

四、雷电的防范

1. 雷电小常识

雷电是伴有闪电和雷鸣的一种放电现象。雷电会导致人员伤亡，中断供配电系统、通信设备和计算机信息系统的正常运行，引起森林火灾，击毁建筑物，造成仓储、炼油厂、油田等燃烧甚至爆炸，危害人民财产和人身安全。

2. 室内避雷方法

●关好门窗，尽量远离门窗、阳台和外墙壁。

●不要靠近、更不要触摸任何金属管线，包括水管、暖气管等。

●不要使用家用电器和通信设备，包括电视机、计

算机、电话、收音机、电冰箱、洗衣机、微波炉等。拔掉所有的家用电器电源插头。

● 雷雨天气不要使用太阳能热水器。

3. 野外避雷方法

● 迅速躲入有防雷设施的建筑物或汽车内。

● 远离树木、电线杆、烟囱等尖耸、孤立的物体。

● 不要进入孤立的棚屋、岗亭等建筑物。

● 找地势低的地方蹲下，双脚并拢，手放在膝上，身向前屈。

● 在空旷场地不宜打伞，更不要把农具扛在肩上。

不要打手机。

● 打雷时不要开摩托车、骑自行车赶路。

● 一旦发生雷击事件，同行者要及时报警求救，同时抢救伤者。

五、台风、风暴潮的防范

1. 台风、风暴潮小常识

台风常常会带来大风和暴雨，造成建筑物倒塌、人员伤亡、经济损失、生态与环境破坏。台风还可能引发风暴潮等其他灾害。

风暴潮是指由强烈的大气扰动等引起的海面异常升高现象，台风形成的风暴潮能使沿海水位上升 5 ~ 6 米，产生高频率的潮位，导致潮水漫溢，海堤溃决，冲毁房屋和各类建筑设施，淹没城镇和农田，造成大量人员伤亡和财产损失。此外，风暴潮还会导致海岸侵蚀、海水倒灌，造成土地盐渍化等灾害。

我国的台风、风暴潮主要发生在广东、福建、台湾等东南沿海地区，经常在春、夏、秋季发生。

2. 台风、风暴潮来临前的准备措施

● 准备好手电筒、收音机、食物、饮用水、常用药品等。

● 检查门窗是否坚固，电路、炉火、燃气等设施是否安全。关好门窗，取下悬挂的物品。

● 将室外的动植物及其他物品移至室内，加固室外易被吹动的物品。清理排水管道，保持排水畅通。

● 尽量不要外出。如果外出，不要打伞，不要在高墙、广告牌及居民楼下行走。

● 住在低洼地区和危房中的人员要及时转移到安全

场所。

● 船只要及时回港、固锚，船上人员上岸避风。

● 遇到危险时拨打当地政府的救援电话求救。

3. 台风、风暴潮来临前的转移安置

在台风、风暴潮来临前，切勿随意外出，确保留在家中最安全的地方。危房内的人员要及时转移，特别是小孩、老人等行动缓慢者应服从政府安排尽早撤离，积极配合转移安置。

六、寒潮、暴雪的防范

1. 寒潮、暴雪小常识

寒潮、暴雪会影响居民的日常生产生活和身体健康，影响供暖、供电、通信系统，严重时还会造成农作物受损，房屋倒塌等。雪灾天气时，容易发生冻伤，由于能见度很差，还容易发生交通事故。

2. 寒潮、暴雪来临前的准备措施

● 注意添衣保暖。特别注意对手部、头部的保护。

● 老弱病人特别是心血管病人、哮喘病人等对气温变化敏感的人群尽量不要外出。

● 特别注意胃部的保暖和饮食调养。

● 采取防风、防寒、防冻措施，特别是要做好户外自来水管的防冻工作。

3. 出行注意事项

● 尽量乘坐公共交通工具。

● 远离行驶的机动车，以防车轮打滑，造成人员

伤亡。

●路面结冰时要慢行。如果摔倒，尽量用手部、双肘撑地，以减轻后背、后脑勺撞向地面的冲击力。

●出门时换上比较防滑的鞋子。少提重物，双手不要放在衣兜里，尽量来回摆动，使身体保持平衡。

●在河边或湖边时，不随意踩结冰的湖面。

●做好汽车防冻准备，更换防冻液、玻璃水等。及时收听路况信息，减速缓行，注意行人和其他车辆，保证交通安全。

4. 农作物、牲畜保护措施

● 采用浇灌、熏烟和覆盖等方法，充分利用塑料薄膜、无纺布、麦草和农作物秸秆等材料，对蔬菜作物进行保暖增温。

● 做好清雪透光、棚内降湿和防病工作，以确保抗灾抢收，尽可能把雪灾带来的损失降到最低。

● 家禽、牲畜在有一定保暖条件的圈里喂养，并储备一定的饲料。

七、冰雹的防范

1. 冰雹小常识

冰雹是降落到地面的冰球或冰块，是我国主要的灾害性天气之一。冰雹出现的范围一般较小，时间也较短，但来势猛、强度大，往往给局部地区的农牧业、工矿企业、电信、交通运输等造成较大损失。

冰雹在中纬度地区最常见，往往能持续 15 分钟左右，一般出现于春、夏、秋天的中午到傍晚这段时间，冬天很少。

2. 农作物防雹措施

● 在冰雹多发地区，改造植被，调整农作物的品种和播种期，避开冰雹的多发时段。

● 在冰雹多发季节，关注天气，提前做好防雹准备，减少损失。

● 降雹后，及时排除田间积水，清除残枝落叶，抖掉枝叶泥土，扶正植株，并追施速效化肥。

3. 出行、躲避注意事项

● 户外行人立即到安全坚固的地方躲避，不要进入孤立棚屋、岗亭等建筑物。

● 驱赶家禽、牲畜进入有顶棚的场所。

● 妥善保护易受冰雹袭击的汽车等室外物品或者设备。

● 关好门窗，切勿随意外出，确保老人小孩留在家中。

● 注意防御冰雹天气伴随的雷电灾害。

● 在多雹灾地区降雹季节，农民下地应随身携带防雹工具，如竹篮、柳条筐等。

八、大风、沙尘暴的防范

1. 大风、沙尘暴小常识

大风发生可吹翻船只、拔起大树、吹落果实、折断电线杆、倒房翻车，还能引起沿海的风暴潮，助长火灾等。

沙尘暴，是指强风把地面大量沙尘物质吹起卷入空中，使空气特别混浊，水平能见度小于1000米的严重风沙天气现象。

2. 大风、沙尘暴来临前的准备措施

● 关好窗户，在窗玻璃上贴“米”字形胶布，防止玻璃破碎。

● 远离窗口，避免玻璃破碎伤人。

● 妥善安置易受大风、沙尘暴损坏的室外物品。

● 保护好水源，若使用水井、泉水等地下水要加防护盖。

● 加固蔬菜大棚和动物棚圈，保护好灌渠。

● 牛、羊等动物要尽可能集中在一起，并采取严密防护措施。

3. 出行、躲避注意事项

● 尽量减少外出。外出时要戴口罩，用纱巾蒙住头，以免沙尘侵害眼睛和呼吸道而造成损伤。不要在广告牌、临时建筑物下面逗留、避风。

● 机动车应谨慎驾驶，减速慢行，密切注意路况，保证交通安全。

● 在野外遭遇大风、沙尘暴时，应就近寻找低洼地伏于地面，但要远离大树、电线杆，以免被砸、被压或触电。

● 在电线杆、房屋倒塌的紧急情况下，及时切断电源，防止触电或引起火灾。

九、高温干旱的防范

1. 高温干旱小常识

高温是指空气温度达到或超过35℃以上的天气。干旱是因长期少雨造成空气干燥、土壤缺水的气候现象。

高温会对人们的工作、生活和身体产生不良影响，容易使人疲劳、烦躁和发怒。高温时期是脑血管病、心脏病和呼吸道等疾病的多发期，死亡率相应增高。

干旱在我国一年四季都会发生，而且持续时间长、涉及范围广、潜在危害大。严重的旱灾对我国农业生产的影响非常大。

2. 高温干旱注意事项

● 中午 12 点至下午 2 点是阳光最强烈的时候，尽量不要外出，居室要注意通风。

● 出行或者外出劳作时要做好防晒工作。多喝淡盐开水，有条件的可准备些清凉药物。

● 注意保障人畜饮水。可以在阴凉的地点挖坑作蓄水池，修建水窖，储备和保存水源，以备人畜饮水之需。

● 在极端干旱条件下，特别要小心储备水受到污染。

3. 农作物抗旱措施

● 抢播抢种，减少损失。对受干旱而绝收的土地，可抢播抢种速生叶菜，如木耳菜、空心菜等抗热性较好的青菜品种，也可选择抗旱性强的甜玉米、菜豆、毛豆等。

● 适时科学施肥，合理追肥，提高土地抗旱性。

● 高温干旱天气易导致蔬菜病虫害的发生，干旱天气时应加强病虫害防治，科学用药。

4. 中暑的急救方法

● 如果有人中暑，应立即将病人转移到阴凉的地方，解开衣扣，用各种方法帮助其身体散热。

● 按压病人的人中、虎口等穴位以使其恢复意识。可用冷毛巾敷头部，或用冰袋、冰块置于病人头部、腋窝等处。

十、森林、草原防火

1. 森林、草原火灾小常识

森林、草原火灾，能在很短的时间内，烧毁大面积的森林、草原和大量的林副产品，破坏林分结构和森林、

草原环境，破坏自然界生态平衡。

2. 森林、草原防火注意事项

● 禁止在林区、草原区吸烟、生火做饭或燃放鞭炮。祭祀上坟烧香时，确保火熄灭后方可离开。

● 发现森林、草原火灾应及时拨打 119 报警，报告火势情况。

3. 森林、草原火灾逃生

● 身处森林、草原火场时，要沉着冷静，判明火势大小、风向，迅速向火已烧过或植物稀少、地势平坦的地带转移。

● 穿越火线时要用衣服蒙住头部，快速逆风冲过火线。

● 无法脱险时要选择植物少的地方卧倒，扒开浮土直到见着湿土，把脸贴近坑底，用衣服包住头，双手放在身体下面避开火头。

十一、农作物病虫害的防治

1. 农作物病虫害小常识

农作物病虫害是主要农业灾害之一，常使农作物减产甚至绝收。我国农作物病害有700余种，虫害800余种，东部重于西部。常见的农作物病虫害有稻飞虱、白粉病、玉米螟、棉铃虫、小麦锈病、棉蚜、稻纹枯病、麦蚜、麦红蜘蛛等。

2. 病虫害防治技巧

● 掌握好病虫害防治时间和方法对防治病虫害有事半功倍的效果。要长期关注农作物状况，做到早发现、早防治。

● 关注天气预报，注意施药时间，千万不要在下雨前或下雨时对农作物进行喷雾施药。

● 按照农药使用说明规范操作。

● 施药时注意自我防护，安全保管剩余农药。

● 施药后，注意人畜饮水安全。

3. 病虫害的主要防治方法

农作物病虫害防治方法主要有天敌昆虫法、益鸟法、物理防治法、化学药剂法等。

● 利用赤眼蜂防治松毛虫，利用蒙古光瓢虫防治松干蚧，利用寄生性天敌蒲螨控制隐蔽性害虫，利用肿腿蜂防治双条杉天牛、粗鞘双条杉天牛、青杨天牛，利用周氏啮小蜂防治美国白蛾，利用花角蚜小蜂防治松突圆蚧，利用天牛蛀姬蜂防治青杨天牛等有明显效果。

● 利用挂人工鸟巢的方式招引大山雀、啄木鸟和灰喜鹊等益鸟，可以明显降低食叶害虫和蛀干害虫的危害。

● 设置黑光灯或高压灭虫灯诱杀成虫。采取超声波、热处理、射线照射等方法处理种子和插条，消灭病原物或害虫，如用 47 ~ 51℃温水浸泡桐种根一小时，可防治泡桐丛枝病。

● 化学防治是控制病虫害发生和消灭虫源基地的主要措施。正确使用农药，适时进行防治，一般可取得良好的防治效果。当发生根茎部病害，或根部发生虫害时，采用灌药法能取得良好的效果。

意外事故的防范和避险

一、火灾的防范

1. 家庭防火

（1）家庭防火小常识

● 使用燃气灶等明火或电热器时，人不要离开。对炉灶、火炕、烟囱要经常检查，如果有裂缝要及时修补。

● 炉灶、火盆要与木板壁、木地板、床铺及其他可燃物保持一定距离。

灰渣一定要在熄灭余火后倾倒，封火要用砖挡住火门，并清扫周围的柴草。室内不要堆放柴草。如果确需要堆放，切记要远离炉灶，并与炉灶、烟囱、灯烛等保持一定距离，也不要把柴草堆放在门旁。

● 吸烟时，要把用完的火柴梗、吸剩的烟头熄灭后再扔掉。点燃的蚊香、香烟不要放在木质家具、床榻、纸箱等可燃物上。

● 使用灯火照明时，油灯、蜡烛要放在不易碰倒的地方，要人离灯灭。不要用柴草或秸秆扎成的火把照明。储存汽油、煤油、酒精、火药等易燃易爆物品的库房里不能用明火照明。

● 露天堆放柴草时，要远离房屋、仓库、牲畜棚等，垛与垛之间要保持一定间距。

● 粮食存放要远离明火，粮库、粮囤旁边防火标语要醒目。粮食晒干后才能入库存放。

● 不要在使用和储存汽油或煤油的场所、仓库、木工房及牲口棚、枯草地和其他禁止吸烟的地方吸烟。

（2）家庭救火方法

①油锅起火

● 立即关闭燃气开关，用锅盖或大块湿抹布盖住起火油锅。切忌往油锅里浇水。

②家用电器起火

● 马上切断电源，切断电源时要注意安全。可用电工钳或木柄斧子等切断电源。

● 切忌用水喷淋电气设备的方法扑救，以免高温电器突然遇水爆炸或意外触电。

（3）逃生求救方法

● 发现起火，迅速逃离火场，并拨打119电话报警。

● 逃离火场时，要匍匐前进，并用湿毛巾捂鼻、用浸水的棉被护身快速通过。如身上着火不可乱跑，要就地打滚使火熄灭。

● 若暂时无法逃离，可用毛毯、窗帘等织物堵住门缝，并不断往上浇水，以阻断外面的火焰及烟气。

● 切忌钻到床下、阁楼及衣柜等可燃物中躲避。

2. 社区防火

（1）社区防火小常识

● 麦草、秸秆等不能在居民集中的社区或村内堆放。

● 盖房要考虑防火安全。应预留消防通道，使用符合标准的防火材料，保持房屋或楼之间的安全距离等。

● 使用柴草灶的烟囱必须高出屋顶1米以上。房屋密集的村庄，烟囱上应加防火帽或挡板。烟囱周围不要堆放可燃物品。

● 靠近林区及林区内必须严禁烟火。

● 上坟烧香时，要等火熄灭后方可离开。

（2）集市庙会发生火灾的应对措施

● 建立防火责任制并储备消防器材。每个庙会和市集应有专人负责并建立义务消防队伍。及时检查器材是否合格，消除隐患。明确应急消防水源和取水点。

● 检查庙会和集市的通道，清除影响人员疏散和消防车进入的障碍物。

● 一旦发生火灾且难以扑灭时，管理人员应立即启动预案并迅速向消防部门报告，指定专人到村边镇口引领消防车进入火场。

● 不要拥挤，防止踩踏事故的发生。人群应按照集市管理人员的引导按顺序撤离疏散。

二、食物中毒的防范

1. 食物中毒小常识

食物中毒是由于吃了被细菌、毒素污染的食物，或本身含有毒素的动植物，如河豚、毒蘑菇等，引起的急性中毒性疾病。

变质食品、污染水源是主要传染源，脏手、餐具和带菌苍蝇是主要传播途径。食物中毒通常起病急骤，伴有腹痛、腹泻、呕吐等急性肠胃炎症状，常有畏寒、发热。严重吐泻可引起脱水、酸中毒和休克。

2. 食物中毒的症状和识别

● 由于没有个人与个人之间的传染过程，导致发病呈爆发性，潜伏期短，来势急剧，短时间内可能导致多人发病。

● 中毒病人一般具有相似的临床症状，常常出现恶心、呕吐、腹痛、腹泻等消化道症状。

● 发病与食物有关。若患者在近期内都食用过同样的食物，发病范围局限在食用该类有毒食物的人群。

● 食物中毒病人对健康人不具有传染性，

3. 食物中毒报告及现场处理

一旦发生食物中毒，必须立即采取以下措施：

● 停食——立即停止食用中毒食品。

● 清肠——对患者采取催吐、洗胃、清肠等急救治疗措施。

● 不擅自用药——反复呕吐和腹泻是机体排泄毒物的途径，所以在出现食物中毒症状 24 小时内，不要擅用止吐药或止泻药。

● 补水——吐泻可造成脱水，须通过喝水或静脉补液及时补水。

● 了解共食者——了解与中毒者一起进餐的其他人有无异常。

● 上报——及时报告当地的食品卫生监督检验部门，

采取病人标本，以备送检。

● 现场处理——保护现场，封存有毒的食品或疑似有毒食品。根据不同的有毒食品，对中毒场所采取相应的消毒处理。

4. 常见食物中毒及防治措施

（1）常见引发食物中毒的食物

● 品种不明的蘑菇和野菜。

● 没煮熟的四季豆（又称豆角、梅豆、扁豆等）。

● 发芽的马铃薯和青色番茄。

● 没充分加热的豆浆。

（2）防治措施

● 防止细菌污染。购买盖有卫生检疫部门检疫图章的生肉。做好食具、炊具的清洗消毒工作，生熟炊具分开使用。

● 低温贮藏。肉类食品、海产品等应低温贮藏，以控制细菌繁殖。

● 彻底加热。加热可杀灭病原体及破坏毒素。肉类食品、海产品等必须煮熟、煮透，熟食应及时食用，剩饭剩菜要加热后再存放，食用前再重新加热。

三、煤、电、气安全

1. 煤、电、气安全小常识

燃煤、沼气、天然气和液化石油气具有易燃易爆的特点，若不按规定使用，极易发生火灾、爆炸等严重事故。应当通过正规渠道购买和配置符合国家有关规定的燃煤、沼气灶、天然气灶、液化石油气瓶、热水器及其配件。设备须定期检验、维修和保养。

使用时人不能离开，使用完毕，特别是外出和晚上入睡前，应关闭总阀。

怀疑有燃气泄漏时，可用肥皂、洗衣粉或洗涤精，加水涂抹在接口处，如果有气泡冒出说明有燃气泄漏。切忌用明火查漏。

发现燃气泄漏，要立即关阀，迅速打开门窗，加强通风。不要开启或关闭任何电源开关，以免产生火花，引起火灾或爆炸。此时室内严禁一切火种。

2. 煤的安全使用

煤火取暖，安装烟囱时务必注意安装两向开口的T形出烟口，因为这样的装置可以有效地避免因室外风力

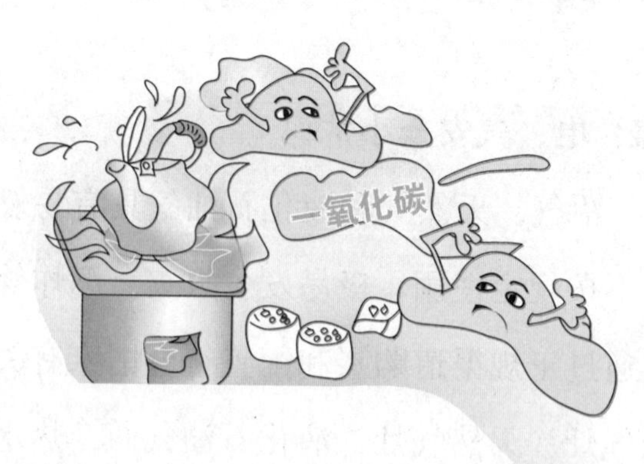

较大而发生的倒烟现象，防止煤气中毒。此外，要随时保证室内通风。在煤气中毒初期，人们通常都会出现头晕、头痛、恶心想吐等症状。一旦发生这样的症状，要及时脱离有毒环境，马上到医院救治。

3．沼气、天然气、瓶装液化气的安全使用

(1) 沼气安全使用须知

● 沼气灶具不可与其他灶具混用，不能用其他类型燃气灶具来替代沼气灶具。

● 沼气池的出料口要加盖，防止人、畜掉到池内。揭开活动盖时，不要在沼气池周围吸烟或使用明火。

● 为了保证沼气池能正常产气，各种刚喷洒过农药的茎叶、刚消毒过的禽畜粪便、中毒死亡的禽畜尸体，都不能进入沼气池。油渣、骨粉等含磷较高的物质不能进入沼气池，防止产生有毒气体。

● 不使用时，若嗅到沼气特殊的臭鸡蛋气味或观察到压力表针有上下波动，说明有沼气泄漏，应立即打开门窗通风，禁止明火，并立即检查接头部位和开关，进行维修。

（2）天然气安全使用须知

●天然气用户不要使用瓶装气。

●燃气用胶管要使用专用耐油橡胶管，长度不应超过 2 米，不得穿墙越室。要定期检查，发现老化或损坏须及时更换。管线改造一定要找专业部门。

（3）瓶装液化气安全使用须知

●液化气瓶在搬运途中要轻装、轻放，不能在地上滚动、冲撞。

●使用液化气灶具时。按照相关规定操作，不要自行调节液化气瓶的减压阀。

●液化气瓶不能用开水加热、火烤及日晒，也不能横放、剧烈摇晃。

●严禁自行处理气瓶内的残液，否则容易引发火灾和爆炸。

4. 热水器的安全使用

（1）燃气热水器使用须知

●每次使用燃气热水器前，都应该检查安装热水器的房间窗户或排气扇是否打开，通风是否良好。

●未成年人、外来亲朋使用热水器时应特别注意安全指导，教会其正确使用。

●经常检查燃气管道，避免管道漏气。发现漏气时应及时关闭燃气阀，打开门窗。

（2）电热水器使用须知

●做好接地保护，严禁在地线不可靠的情况下使用。

●注意电源插头和插座相配套，两者接触应紧密。

●首次使用时，必须先注满水，然后再通电。

●停止使用后，应注意通风，保持电热水器干燥。

5．家庭用电注意事项

●安装、维修找电工，不准私拉乱接电线。

●不要使用不合格的电线、灯头、开关、插座等用电设备。用电设备要保持清洁完好。

●低压线路应安装触电保安器，要合理选用保险丝，严禁用铜、铝、铁丝代替。

●用电设备损坏、老化要赶快修理或更换。

●家用电气设备的金属外壳要妥善接地。晒衣服的铁丝要和电线保持足够距离，不要绕在一起，也不要在电线上晒挂衣物。

● 不要在电线底下从事盖房子、打场、堆柴草、打井、栽树等活动，防止触电伤人和起火。

四、交通安全

1. 养成良好的出行习惯

● 驾车出行要遵守交通法规，不闯红灯。严禁超速超载行驶，严禁酒后驾车。定期保养车辆，检查车况。

● 骑摩托车应当佩戴安全头盔，不要超速抢行。驾驶农用车辆进入城市，应尽量在慢速机动车道行驶，以

免阻碍交通。

● 在山路转弯等视野受限处，要鸣笛示意。夜晚要开灯行车。

● 乘坐公共汽车出行，应按顺序上下车。乘坐地铁时应站在安全线外等候。严禁携带易燃、易爆、剧毒、腐蚀性物品乘车。

● 骑自行车应随时注意周围情况，转弯伸手示意，避免突然猛拐。结伴骑车时不要并行或追逐。

● 行人过马路走人行横道。过路口时先左后右观察来往车辆。

2. 乘坐火车遇到危险的应对措施

● 乘坐火车时，应远离车门和车厢连接处。如火车突然脱轨，在脱轨前的瞬间，乘客可察觉到急刹车，几秒钟内，乘客可选择比较安全的姿势自我防护。在出轨前应低下头，保护好头部，使其免受伤害。此时不可跳车，否则会因惯性而被甩向路轨，发生生命危险。当车停稳后，方可逃离。若出轨导致车门变形不能正常打开，应除掉玻璃。逃出后远离火车，以免发生危险。

3. 驾驶农用车、摩托车时遇到危险的应对措施

● 刹车失灵时，应根据路况和车速控制好方向，在换低速挡的同时，结合使用手刹应对。与此同时，可以利用车的保险杠、车厢等钢性部位与路边障碍物摩擦、碰撞，强行停车脱险。

● 如果车辆在公路上抛锚，驾驶员应立即在车后放置三角危险警告牌。驾驶员和乘客应转移到安全的地方，不可留在车内。

4. 发生车祸的处理方法

● 遇到交通事故应首先拨打 122 事故报警电话，如果有人员伤亡应立刻拨打 120 急救电话请求派出救护人员。

● 如果有人受伤，不要急于搬动伤者，可先检查伤者是否失去知觉，有无心跳和呼吸，有无大出血，有无明显的骨折。如果伤者已发生昏迷，可先松开其颈、胸、腰部的贴身衣服，把头转向一侧并清除其口鼻中的呕吐物、血液、污物等，以免引起窒息。如果心跳和呼吸都停止了，应马上进行口对口人工呼吸和胸外心脏按压。

如果有严重外伤出血，可将头部放低，伤处抬高，并用干净的手帕、毛巾按压伤口止血。

五、盗窃、诈骗、抢劫、拐卖的防范

1. 防范盗窃

（1）家庭防盗

● 家里的门、窗要经常检查，出入家门随手关锁门窗。门、窗、门锁损坏或钥匙遗失要及时要换。门框应坚固，固定锁体锁扣部位的门体、门框应牢固、结实。

● 家中不要存放大量现金。存折、银行卡不要与身份证、户口簿等重要证件放在一起。

● 钥匙要随身携带，不要乱扔乱放。儿童最好不带钥匙，更不能将钥匙挂在脖子上。

（2）外出防盗

● 走在路上不要将背包和手袋背在身后，也不要把钱放在后裤兜中。避开老黏在身边的陌生人，如果在街上被人撞了一下，要及时查看钱物。

● 乘坐公交车时不要挤在车门口，注意碰撞你的人及周围紧贴你的人。对一些手持衣服、报纸、杂志等物品的人要多加留意，防止在这些物品遮掩下的盗窃行为。在车厢内最好一只手扶横杆，另一只手注意保护好随身携带的提包或背包。准备好坐车的零钱，尽量不要在公共场所翻看钱包，以免引起扒手的注意，尾随作案。

● 银行存取大量现金时最好能与人同去，一个人在柜台前办理存取钱手续，其他人在后面照应。取钱时，遇到问题应向银行工作人员询问，尽量避免与周围的陌生人搭讪。输入密码时，要用手臂等部位挡住其他人的视线。

2. 防范诈骗

（1）识别诈骗

诈骗，是指以非法占有为目的、用虚构事实或隐瞒真相等方法骗取款额较大的公私财物的行为。常见的诈骗手段有电话诈骗、网络诈骗、ATM 诈骗、以熟人名义诈骗等。要提高自身防范意识，认清诈骗分子的惯用伎俩，以防上当受骗。

（2）遭遇诈骗后应对措施

发现被诈骗后，应该及时报警，并积极收集证据，提供尽可能多的线索，配合警方尽快破案。

3. 防范抢劫

（1）遭遇入室抢劫的应对措施

● 遇到入室抢劫时，应首先保护自己的生命，然后寻机报警。可佯装屈服，乘歹徒麻痹时，择机逃脱报警。另外，要尽力观察并熟记歹徒的行为举止和体貌特征，为公安机关提供破案线索。

● 如遇蒙面歹徒，要记下歹徒的身高、衣着、口音、举止等特征，为公安机关提供破案线索。一旦歹徒露出杀人动机，在条件允许的情况下，家庭成员应机智勇敢地同歹徒作斗争，争取时间，为警方及邻居施救提供协助。

● 在歹徒作案逃离后，要注意保护现场。歹徒用手摸过的物品不要马上移动，应等待公安机关提取现场证据后再作处理。

（2）外出遭遇抢劫的应对措施

● 外出时，尽量将提包、挎包置于身前，骑自行车时，应尽量将包带缠绕在车把上，或用夹子将包带和车筐夹牢固定。

● 夜晚至凌晨时分是抢劫作案的高峰时段。这一时段应尽量避免在偏僻或昏暗的路上独自行走。如果携带了大量现金或贵重物品，最好结伴而行，并选择快捷的交通工具。

● 假如遭遇抢劫，要迅速记下歹徒的特征、所乘车辆牌号及逃窜方向，立即拨打110报警，以利警方迅速堵截、追捕。

4. 防范拐卖

● 到正规的中介机构找工作，不要轻信非法小报和随处张贴的招聘广告。

● 外出打工最好结伴而行。外出期间，把新地址和联系方式及时告诉家人和朋友。

● 拒绝陌生人以介绍工作、帮忙找住宿或代替你的亲友接站等理由带至陌生地点。与陌生人打交道时，不贪图便宜，不接受小恩小惠，谨防上当。

● 保管好自己的身份证、户口簿等重要证件，不要向陌生人透露自己的家庭、亲属和个人爱好等信息。

● 慎重选择交往对象，与不了解的人保持距离，外出时尽量少喝酒。

● 外出途中，一旦面临被拐卖的危险，要及时向公安机关和周围群众求助。

六、环境污染事故

影响社区的环境污染事故主要有大气污染和水污染。大气污染主要由焚烧秸秆、沙尘暴及工业生产排放废物、车辆尾气等引起。水污染主要包括工业污染、农业污染和生活污染三大部分，如工业废水、农药污染、生活污水等。

如果发现以下异常应提高警惕，及时报告当地环保部门。

● 有色气体或液体出现跑、冒、滴、漏现象，并伴有怪味。

● 大批人员同时出现头痛（晕）、心悸、烦闷、呼吸困难、呕吐、视物模糊、有刺激感、惊厥、抽筋、步履蹒跚等不适症状。

● 动物异常（数量大、范围广）：许多蜂、蝇、蝴蝶等昆虫飞行不稳、抖翅、挣扎；大量青蛙、麻雀、鸽子、家禽、家畜等出现眨眼、散瞳、缩瞳、流口水、站立不稳、呼吸困难、抽筋现象，很多鱼、虾、蚂蟥等水生物活动加快、乱蹦乱爬。

● 植物异常：许多植物枯萎，颜色发生变化。

七、危险化学品事故

危险化学品事故，是指因危险化学品，如苯、液化气、汽油、甲醛、氨水、二氧化硫、硫化氢、农药、液氯等造成的伤害的事故。危险化学品一般具有爆炸性、易燃性、毒性、腐蚀性等。人受伤害的主要症状是眼睛刺痛、流泪不止、头晕恶心、胸闷和呼吸困难等，严重者可窒息死亡。

危险化学品事故应急措施：

● 呼吸防护。确认发生毒气泄漏或危险化学品事故，立即用湿手帕、毛巾等捂住口鼻，最好能及时戴上防毒面罩。

● 皮肤防护。尽可能戴上手套，穿上雨衣、雨鞋等，或用床单、衣物等遮住裸露皮肤。如已备有防化服，要及时穿戴。

● 眼镜防护。尽可能戴上各种防毒或非防毒眼镜、潜水镜、护目镜等。

● 撤离。沿上风方向迅速撤离。

● 发现有人中毒，要将其转移到空气新鲜的地方，脱去污染衣服，迅速用大量清水和肥皂水清洗被污染的皮肤，同时注意保暖；眼受污染者，用清水至少持续清洗 10 分钟；因中毒晕倒者，取出口、鼻呼吸道异物，保持呼吸通畅；若呼吸停止时，做人工呼吸和心脏按压，严重者速送医院抢救（注：抢救因硫化氢中毒导致呼吸停止的伤员，忌用口对口人工呼吸）。

●发现被遗弃的化学品，不要捡拾，应立即拨打报警电话，说明具体位置、包装标志、大致数量以及是否有气味等情况。

八、踩踏事故

在空间有限、人群又相对集中的场所易发生拥挤踩踏事故，例如球场、商场、狭窄的街道、室内通道或楼梯、庙会、集市、影院、卡拉OK厅等处。

1. 发生踩踏事故的应对措施

●发觉拥挤的人群向着自己行走的方向拥来时，应该马上避到一旁，如果路边有商店、咖啡馆等可以暂时躲避的地方，可暂避一时。

●若身不由己陷入人群之中，面对混乱的场面，要保持镇定，不要恐慌，良好的心理素质是顺利逃生的关键。

●顺着人流走，注意脚下，避免被人踩了脚跌倒在地；不可逆着人流前进，也不要从高处往下跳。

● 手机、钥匙等物掉在地上不要捡，鞋子被踩掉，也不要弯腰提鞋，弯腰时身体最易失去平衡，摔倒在地。

● 双臂交叉于胸前护住胸部，保持呼吸顺畅，同时尽量扩大自己的活动范围。

● 如有可能的话，可先尽快抓住坚固可靠的东西慢慢走动或停住，待人群过去后，迅速离开现场。

● 当发现自己前面有人突然摔倒了，马上要停下脚步，同时大声呼救，告知后面的人不要向前靠近。

● 当带着孩子遭遇拥挤的人群时，最好把孩子抱起来，避免其在混乱中被踩伤。

● 如果万一跌倒在地，要设法靠近墙壁，面向墙壁，或就地侧身倒卧地上，双手迅速交叉护住颈椎，身体蜷成球状，以保护身体最脆弱的部位。

2. 踩踏事故发生后的急救方法

● 事故发生后，应及时拨打 110、120 报警电话。

● 在急救人员到达前，要抓紧时间用科学的方法开展自救和互救。踩踏事件中最常见的伤害就是骨折、窒息。将伤者平放在木板上或较硬垫子上，解开衣领、围巾等，保持伤者呼吸道畅通。

● 当发现伤者呼吸、心跳停止时，要赶快做人工呼吸，辅之以胸外按压。

九、其他

1. 溺水

● 不要独自一人外出游泳，更不要到不摸底、不知水情或比较危险、易发生溺水伤亡事故的地方游泳。了解自己的水性，不要轻易跳水和潜泳，水中不要互相打闹，不要在急流和旋涡处游泳。

● 不会游泳的落水者，不必惊慌。要屏气捏住鼻子避免呛水，并尝试能否站立。如水深无法站立，应迅速采取头后仰，口向上，尽量使口鼻露出水面进行呼吸的自救方法。不要将手上举或挣扎，以免身体下沉。同时，观察四周是否有露出水面的固定物体，向其靠拢并抓牢。

● 在野外发现有人落水应利用身边物品救人。可向水中抛救生圈、木板等漂浮物，让落水者抓住不致下沉。

也可递给落水者木棍、绳索等拉其上岸。未成年人不宜下水救人，可报警求助。

● 会游泳者下水救护时，要脱掉鞋子、外套。如果溺水者尚未昏迷，施救者要绕到溺水者的背后或潜入水下，从溺水者背面或侧面托住其腋窝或下巴使其呼吸，将其拖带上岸，避免与溺水者正面接触，防止被抓、抱，造成救护失败。

● 救出溺水者后，应迅速清除其口鼻中的污泥、杂草，以保持呼吸道通畅。然后将溺水者腹部置于抢救者屈膝的大腿上，头部向下，按压背部迫使呼吸道和胃内的水倒出，但倒水时间不宜过长。对呼吸、心跳停止的溺水者要立即进行人工呼吸和胸外心脏按压。经急救处理后送医院做后期治疗。

2. 农药中毒

在种类繁多的农药产品中，有机磷农药的用途最广、用量最大。农药中毒也以有机磷农药中毒最为常见。在农药的使用、装卸、运输、保管过程中，若不注意防护，则有可能通过呼吸道、消化道、皮肤和黏膜等途径侵入人体而引起中毒。误食也是农药中毒的原因之一。

有机磷农药中毒一般分为轻度、中度和重度。出现头痛、头晕、恶心、呕吐、多汗、视力模糊、无力、胸闷、瞳孔缩小等症状者为轻度中毒；中度中毒者表现为肌肉颤动、轻度呼吸困难、腹痛腹泻、流涎、瞳孔明显缩小等症状；出现呼吸极度困难、肌肉震颤、瞳孔缩小、昏迷、大小便失禁等症者为重度中毒。一旦发生有机磷农药中毒，应立即开展救治。

● 误食者立即刺激舌根催吐，并用大量温水或2%～5%碳酸氢钠溶液洗胃。需要注意的是，敌百虫中毒禁用碱性液洗胃，硫代磷酸酯类有机农药（如1606、1059、3911、乐果等）中毒禁用高锰酸钾洗胃。

● 中毒症状明显者尽快送医院救治，并向医生说明中毒农药的品种。

使用农药要戴口罩、手套，穿长衣、长裤，操作时严禁吃零食或抽烟。严格掌握农药使用范围。农田喷药要严格执行顺风隔行喷药的原则，按施药安全等待期施药。严禁农药和粮食混放。严禁用装农药的空瓶装油、装酒。严禁用农药治癣治疮。

3. 狗咬、蛇咬、蜂叮

被狗咬伤后应尽快送往附近医院救治，并仔细处理伤口，尽早接种狂犬病疫苗。可先用针刺伤口周围皮肤，尽力挤压出血或用火罐拔毒，然后用20%的肥皂水或0.1%的新洁尔灭冲洗半小时，再用大量的清水冲洗。最后用烧酒或5%的碘酒或75%的酒精反复消毒伤口。如果伤口靠近头部，应用抗狂犬病免疫血清在伤口内或周围做浸润注射。若伤势严重，应同时加注抗狂犬病免疫血清，按需要给予破伤风抗毒素或类毒素等。

对蛇咬伤应该分清是无毒蛇咬伤还是毒蛇咬伤。具体区分方法是：被毒蛇咬伤后，伤口局部有成对或单一深牙痕（有时伴有成串浅牙痕），在咬伤的局部立即出现麻木、肿胀或出血等状况，尤以混合毒及血循毒更为明显，神经毒为主者出现局部剧痛但肿胀不明显。被无毒蛇咬伤后，伤口局部一般只有2～4排浅牙痕，并无局部肿痛或全身症状。

被毒蛇咬伤后，除在野外紧急处理外，若条件允许，应尽早将病人送往医院治疗。尽量记下蛇的品种或打死后随身携带，这样有利于医生更好地选择治疗方案。野外治疗毒蛇咬伤一般按以下几个步骤进行：

● 早期结扎。被蛇咬后，应立即用柔软的绳子或乳胶管（建议随身携带），在伤口上方超过一个关节结扎，结扎的动作要迅速，最好在咬伤后 2 ～ 5 分钟完成，一般来说只要在一两个小时内能赶到医院的，可以在结扎好伤口后不再做其他处理。

● 冲洗伤口。结扎后，可用清水、冷开水、冷开水加食盐或肥皂水冲洗伤口，若用双氧水、1∶500 的高锰酸钾液冲洗则效果更好。

● 刀刺排毒。冲洗处理后，用干净的利器挑破伤口，同时在伤口周围挑破米粒大小的数处小口。用刀时不宜刺得太深，以免伤及血管。有条件的可以将伤口浸于冷盐水中，从上而下地挤压伤口 20 分钟左右，使毒液排出。也可以用口直接吸毒，但必须注意安全，边吸边吐，每次都用清水漱口。若口内有溃疡或龋齿，则不能用口吸毒，因为毒液通过口腔黏膜损伤处会很快进入血液循环。

被蜂蜇伤后，其毒针会留在皮肤内，必须用消毒针将肉内的断刺剔出，然后用力掐住被蜇伤的部位，用嘴反复吸吮，以吸出毒素。如果身边暂时没有药物，可用肥皂水充分清洗患处，然后再涂些食醋或柠檬汁。

4. 烟花爆竹燃放注意事项

● 到指定销售网点购买烟花爆竹，所有的烟花爆竹均应室外燃放，并严格按照产品上的说明选择符合要求的场地，平稳放置后方可燃放。

● 点燃后人立即离开，切忌拿在手里燃放。当发生未引爆等异常情况时，不要马上靠近，一般待10分钟后再去处理。

● 严禁在棚户区、楼梯口、小弄堂、加油站、变电站、燃气调压站、高压线、公共场所等地方燃放烟花爆竹。

● 严禁酒后燃放烟花爆竹。严禁用鞭炮玩打“火仗”的游戏。

灾后救助

一、灾后信息报告

社区每一位居民都有向上级机关报告灾害隐患和报告灾害信息的权利和义务。灾害信息报告的内容包括事件发生的时间、地点、现场伤亡或损失情况等。请求紧急救援需通报周边地区的简要情况。报告灾害信息时要做到镇定沉着、口齿清楚、言简意赅。

发生灾害后，现场发现者应在第一时间向村值班室或信息员报告灾害信息。村值班室或信息员在接报后应立即向乡镇值班室报告灾情信息。在初次报告后，随着事件的发展变化，要及时续报有关情况。

社区居民应熟悉村委会值班电话、信息员名单、联络方式及相关的急救电话。

此外，还应该：

- 配合救灾工作：灾害发生之后，要配合相关部门做好安全防范、人员和物资转移、消毒防疫等工作。
- 报告受灾情况：积极配合相关部门，做好受灾损失上报工作，主要包括人员伤亡、房屋损失、经济损失等方面的情况。
- 主动反映困难：遇到困难应及时向社区以及上级部门反映。
- 申请心理咨询：灾后可能会产生心理疾病，如果需要心理健康方面的咨询，可联系村委会及当地政府部门。
- 救助特殊人群：优先安置和救助孤、老、幼、病、残或五保户等重点保护对象。
- 开展生产自救：及时制订灾后重建和生产工作方案。

二、急救方法与技能

1. 急救基本技能

(1) 人工呼吸

当有人因意外事故或疾病而出现心跳、呼吸不规则或停止时，一定要分秒必争，采取人工呼吸的急救措施。口对口或（鼻）吹气法操作简便，容易掌握，气体的交换量大，接近或等于正常人呼吸的气体量。操作方法如下：

● 病人取仰卧位，即胸腹朝上。

● 救护人站在其头部的一侧，自己深吸一口气，对着伤病人的口（两嘴要对紧不要漏气）将气吹入，造成吸气。为使空气不从鼻孔漏出，此时可用一手将其鼻孔捏住，然后救护人嘴离开，将捏住的鼻孔放开，并用一手压其胸部，以帮助呼气。这样反复进行，每分钟进行14～16次。

● 如果病人口腔有严重外伤或牙关紧闭时，可对其鼻孔吹气（必须堵住口）即为口对鼻吹气。救护人吹气力量的大小，依病人的具体情况而定。一般以吹进气后，病人的胸廓稍微隆起为最合适。

（2）止血

● 指压止血法：用拇指压住出血的血管上方（近心端），使血管被压闭住，中断血流。在不能使用止血带的部位，或没有器材的紧急情况下，可暂用指压止血法。

● 加压包扎止血法：伤口覆盖无菌敷料后，再用纱布、棉花、毛巾、衣服等折叠成相应大小的垫，置于无菌敷料上面，然后再用绷带、三角巾等紧紧包扎，以停止出血为度。通常用于小动脉以及静脉或毛细血管的出血。伤口内有碎骨片时，禁用此法，以免加重损伤。

● 止血带止血法：四肢内较大的动脉出血时，用止血带止血。最好用较粗而有弹性的橡皮管进行止血。如没有橡皮管也可用宽布带以应急需。用止血带时，首先在创口以上的部位用毛巾或绷带缠绕在皮肤上，然后将橡皮管拉长，紧紧缠绕在缠有毛巾或绷带的肢体上，然后打结。止血带不应缠得太松或过紧，以血液不再流出为度。上肢受伤时缚在上臂，下肢受伤时缠在大腿，才会达到止血目的。

（3）休克急救

休克在医学上是指由于多种原因引起的全身微循环障碍导致的临床综合征。发现患者处于休克状态时，应注意以下事项：

● 平卧位，下肢略抬高，以利于静脉血回流。如有呼吸困难可将头部和躯干抬高一点，以利于呼吸。

● 保持呼吸道通畅，尤其是休克伴昏迷者。方法是将病人颈部垫高，下颌抬起，使头部最大限度后仰，同时头偏向一侧，以防呕吐物和分泌物误吸入呼吸道。

● 注意给体温过低的休克病人保暖，但发高烧的感染性休克病人应给予降温。

● 必要的初步治疗。因创伤骨折所致的休克给予止痛、骨折固定；烦躁不安者可给予适当的镇静剂；心源性休克给予吸氧等。

● 注意病人的运送。家庭抢救条件有限，需尽快送往有条件的医院抢救。对休克病人搬运越轻越少越好，以送到离家最近的医院为宜。在运送途中，应有专人护理，随时观察病情变化，最好在运送中给病人采取吸氧和静脉输液等急救措施。

2. 救助受伤人员时的注意事项

（1）骨折

● 遇到重伤病人，要先判断是否有骨折。在判断不清是否有骨折的情况下，应按骨折来处理。

● 如四肢骨折处出现局部迅速肿胀，可能是骨折断端刺破血管引起内出血，可临时找些木棒等固定骨折处，并对局部用毛巾等压迫止血，千万不要随意搬动伤肢。

● 对有伤口的开放性骨折患者，应立即封闭伤口。最好用清洁、干净的布片、衣物覆盖伤口，再用布带包扎。包扎时不宜过紧，也不宜过松。如遇骨折端外露，注意不要尝试将骨折端放回原处，应继续保持外露，以免将细菌带入伤口深部引起深部感染。如将骨折端或脱位的关节复位了，在送医院时要向医生交代清楚。

（2）烧烫伤

● 火灾烧伤后，可先用自来水冲洗或浸泡伤患处，以避免受伤面积扩大。

● 四肢被沸水或蒸汽烫伤后，应立即剪开衣服鞋袜，将烫伤肢体浸于冷水中。

● 面部烧伤后，用脸盆盛满水，将脸部浸在水里，或用湿毛巾捂在脸部 15 分钟冷敷数次。注意不要弄破出现的水疱。

● 烧、烫伤严重时，用消毒纱布覆盖伤口并迅速送往医院救治。

● 化学品烧伤需用大量的冷水冲洗。若眼睛被灼伤，应将受伤一侧的脸部向下，提起眼睑，用大量清水冲洗。

擦拭干净后，用纱布包好，送往医院治疗。

（3）冻伤

● 保温、复温，是冻僵救治的关键措施，注意千万不要用火烤。伤员身体复温后，可立即在冻伤处涂些防冻伤药膏。

● 肢体冻伤后可能会出现肌肉痉挛、关节强直等症状，应尽早治疗。

● 对全身冻僵者，如呼吸已停止，应立即实行人工呼吸，如心跳、呼吸均已停止，应一边实行人工呼吸，一边进行胸外心脏按压。经急救后，应迅速送往医院救治。

三、灾后饮食安全

1. 寻找饮用水水源

寻找未被污染的水井、水库。被淹过的水井要彻底抽净污水、清洗消毒后方可使用。水库水、河水如果混浊，要进行澄清（或过滤）、消毒后才可以饮用。对于饮用水源要加以保护，井水要保持清洁，每天消毒，水库和河段要禁止游泳、洗脏物和倾倒垃圾，防止被污染。

2. 饮用水的净化和消毒

对混浊或不符合饮用卫生标准的水，要先净化消毒后再饮用。主要方法有：

● 浑水澄清法：用明矾、硫酸铝、硫酸铁或聚合氯化铝作混凝剂，适量加入浑水中，用棍棒搅动，待出现絮状物后静置沉淀，水即澄清。

● 饮水消毒法：煮沸消毒效果可靠，方法简便易行。也可用漂白粉等卤素制剂消毒饮用水。按水的污染程度，每升水加 1 ～ 3 毫克氯，15 ～ 30 分钟后即可饮用。

3. 灾后不能吃的食物

● 被水浸过或溅过的散装食物成品。

● 死亡的家禽家畜和腐败变质的食品。

● 来源不明的直接入口食品。

四、灾后卫生防疫

1. 灾后防疫小常识

灾害过后要预防以下疾病：

●肠道传染病，如痢疾、甲型肝炎、伤寒、霍乱、感染性腹泻等。

●虫媒传染病，如乙脑、黑热病、疟疾等。

●人畜共患病和自然疫源性疾病，如鼠疫、流行性出血热、炭疽、狂犬病等。

●皮肤破损引起的传染病，如破伤风、钩端螺旋体病等。

●呼吸道传染病，如流脑、麻疹、流感等。

●食源性疾病，如食物中毒。

2. 易发疫病的防疫

●对室内外进行消毒。对饮用水进行消毒。

●消灭蚊蝇、蟑螂、老鼠及其滋生地，加强饮食卫生管理，控制婚嫁丧等群体性聚餐。在有疟疾发生的地区，要特别注意防蚊。

●做到“四勤”、“两不”、“五好”。“四勤”是勤洗手、勤洗澡、勤剪指甲、勤打扫卫生；“两不”是不与别人共用毛巾，不乱扔垃圾；“五好”是心态调整好、生活安排好、饮食调节好、衣服穿得好、健康关注好。

3. 做好卫生防疫工作

（1）临时住所垃圾的收集和处理方法

● 合理布设垃圾收集点，专人负责清扫。

● 及时将垃圾运出，选择地势高的地方进行堆肥处理，用塑料膜覆盖。

● 对一些传染性垃圾可采用焚烧法处理。

● 对因传染病死亡的动物尸体，应在卫生消毒后，尽快运出火化。

（2）保持厕所卫生，做好粪便处理工作

● 应急临时厕所要求用陶缸、塑料桶等不渗漏材料作为粪池。

● 如无储粪设施，可将粪便与泥土混合后泥封堆存，或用塑料膜覆盖。

● 集中治疗的传染病病人粪便，必须用专用容器收集，然后消毒处理。

五、灾后心理调适

1. 灾后常见的生理和心理反应

灾害发生时，受灾群众往往因无助和无法应对而感到惶恐不安，产生心理挫折，从而引起一系列的生理心理反应，如心跳加快、血压升高、难以入睡、正常的食欲和消化变弱、冷漠、感觉迟钝、头痛背痛、胸口痛等，同时往往伴随恐惧、焦虑、烦躁不安、消沉、抑郁、自卑、记忆力下降等，有些则产生敌对、酗酒、吸烟、药物依赖等不良行为。

2. 灾后心理调适方法

● 不要隐藏感觉，试着把情绪说出来，与家人共同分担悲痛。

● 不要因为不好意思或忌讳而逃避和别人谈论的机会，要让别人有机会了解自己。

● 不要忘记家人都有相同的经历和感受，试着与他们谈谈。

● 不要勉强自己去遗忘，伤痛会停留一段时间，这是正常现象。

● 要有充足的睡眠与休息，与家人和朋友聚在一起。

● 如有任何需要，一定要向亲友及相关单位表达。

● 在伤痛及伤害过去之后，要尽力使自己的生活作息恢复正常。

3．儿童是灾后心理关怀的重点

当儿童出现心理问题时，往往会伴随一些肢体动作，比如表情呆滞、浑身不自主地颤抖、失眠、吮吸手指等。当出现这些症状时，家长和老师不能急躁，多关爱和倾听孩子的讲述，多和孩子交流。还可通过体育、文娱活动等方式调节孩子的情绪。

家庭防灾计划

一、家庭防灾计划的意义

家庭防灾计划，是指为了系统地应对各种突发灾害情况，家庭提前制订计划，排查隐患、制订灾害紧急措施，以保证各种紧急灾害事件发生后，家庭所有成员可以按照计划报警、急救、迅速有序地逃离灾害现场。在没有及时逃生的状况下，也可以最大限度地延长生存时间，等待救援。

家庭是社会组成的最小单位，每个家庭的安全、健康是和谐社会的最基本保证。在紧急情况下，提前预知“如何做、怎么做”，可以最大限度地帮助我们。制订家庭防灾计划是我们保护自己、保护家人最好的准备和应尽的责任。

二、制订家庭防灾计划

1. 学习防灾减灾基本知识

了解应对各种灾害事件的基本常识及社区和家庭周围经常发生的灾害事件。寻找家庭中的安全盲点。针对不同的灾难和事件，确定家庭中的避难点和户外的避难地（所）。学习并掌握帮助老人、孩子和残障人士的方法。参加灾难应对和急救知识培训班。熟悉本地区、本社区的应急方案。经常给孩子讲述安全知识，以免他们忘记。

2. 家庭隐患排查

● 不要在衣橱等高处堆放行李箱等重物，以免坠落砸伤人员。

● 灯具须远离窗帘、衣物等易燃物品。

● 家中不要堆积易燃物品。

● 检查家中电线有无老化、裸露甚至断裂等现象。

● 让家人都知道电源总开关位置，并学会如何在紧急情况下切断总电源。

● 窗户应保持开关自如。

● 了解房屋周围滑坡、泥石流危险点的情况。

3. 家庭应急方案制订

召开家庭会议制订自家独特的应急方案，具体内容包括：

（1）家庭成员集合处

确定紧急状态时的家庭成员集合处，包括家中发生意外时可去的屋外安全地点。当发生意外难以到达上述地点时，确定可去的其他交通便捷地。

家庭成员集合地	
地震后，集合地点	例：公园或应急避难场所
水灾后，集合地点	例：广场
……	……

（2）信息联络卡

为每位家庭成员准备一张信息联络卡（老人和儿童

尤其必需）。上面记录本人的名字、家庭地址、家庭其他成员、联络电话、年龄、血型、紧急联络人、既往病史等信息。注意及时更新，并在邻居家或村应急领导小组备份。

家庭成员信息卡					
姓　名		年　龄		血　型	
家庭住址					
家庭其他成员					
家庭本地紧急联络人					
家庭外地紧急联络人					
既往病史					

（3）紧急电话

要教会孩子急救常识，主要是如何拨打 110 报警电话等。将家庭紧急联络人的号码和常用报警号码贴在家中电话机上或近旁。

紧急电话	
火警电话	119
报警服务电话	110
医疗急救电话	120
居委会值班电话	
家庭紧急联络人 1	
家庭紧急联络人 2	

4. 家庭应急物资储备

在条件允许的情况下，每个家庭都应准备一些必需的应急物品，以备不测之灾。家庭可按照下列清单储备应急箱中的日常用品。

应急物品	
水	紧急情况下储备家庭使用的三天水量，以每人每天 4 升的标准储存。若有儿童、老人、病人则需加量。水须装在干净、密封、易携带的塑料瓶中

食　物	不需冷藏、即开即食、少含或不含水分的固体食品，如饼干、方便面等
应急工具	绳子、锤子、哨子、无线电收音机、电池、手电筒、针线、纸笔、多用刀、防水火柴、蜡烛、铁杯、毛巾、手套
卫生用品	个人卫生用品（牙刷、牙膏、梳子等）、香皂、洗衣粉
衣　物	每位家庭成员至少备有两套换洗衣物，轻便结实耐磨的鞋子和舒适的袜子、帽子、手套、内衣、毯子、睡袋、雨衣
医药包	常用外用药、内服药、酒精、棉签、创可贴、纱布等
特殊物品	现金、存折、户口簿等重要的家庭文件
婴儿用品	尿布、奶瓶、奶粉及所需医药

注意事项：

● 将家庭应急箱放在方便易取之处，并告知所有家庭成员。

● 上述各项物品须装在密封的防水塑料袋或容器中。

● 每年都重新整理和添减相关物品。如更换电池、衣物（尤其注意随季节进行调整）。

● 听从医嘱准备适当的常用药品。

● 为婴儿、残障成员准备特别的应急包。

图书在版编目（CIP）数据

农村社区防灾减灾知识手册 /《防灾减灾文化丛书》编写组编．—北京：中国社会出版社，2013.4
（防灾减灾文化丛书）
ISBN 978-7-5087-4383-7

Ⅰ．①农… Ⅱ．①防… Ⅲ．①农村社区—防灾—减灾管理—手册 Ⅳ．①X4-62

中国版本图书馆 CIP 数据核字（2013）第 058482 号

书　　名：农村社区防灾减灾知识手册
编　　写：《防灾减灾文化丛书》编写组
责任编辑：杨春岩
助理编辑：朱文静

出版发行：中国社会出版社　　　邮政编码：100032
通联方法：北京市西城区二龙路甲 33 号
编辑部：（010）66061704
邮购部：（010）66081078
销售部：（010）66080300　（010）66085300
传　真：（010）66051713　（010）66083600
（010）66080880　（010）66080880
网　　址：www.shcbs.com.cn
经　　销：各地新华书店

印刷装订：中国电影出版社印刷厂
开　　本：145mm×210mm　1/32
印　　张：3
字　　数：41 千字
版　　次：2013 年 4 月第 1 版
印　　次：2016 年10月第 6 次印刷
定　　价：10.00 元